亿万年前，岩浆奔流于地底，灼热而美丽。它们的生命本源之美在第一次面对地面世界时凝固。历经千劫，无缘补天的石头，等来了平凡却自有创造力的历代工匠。顽石通灵，石头们再次融化，奔流于工匠的心手之间，将各种生命形态之美凝固成一扇扇石窗。

　　人们终于可以透过石窗张望风景。石窗内外，春花秋月，世界依然，而石窗并不在风景之中。自农业文明到工业文明时代，石窗之美更随着实用价值的消亡逐渐湮灭，从未成为人类张望美的主体。

　　或许，石窗出身草根，一片风景总是茅店鸡声，以至于让人不屑记忆；又或许石窗所蕴之义又太过平凡，百般用意无非安居乐业，以至于被人漠然对待。人类这种挑剔草根文明之美的劣根性，往往让更多类似于石窗的美在历史记忆中消失。

　　昨日已成历史，记忆犹可复活。当一种文明之美即将逝去，记忆的留存和复原无疑是一种创造。借《凝固之美——三门石窗艺术的文化品读》作为通道，我们可以坦然地走进历史，阅读人类和石头的故事，张望昔日文明的雨丝风片。

凝固之美

三门石窗艺术的文化品读

BEAUTY OF STONE WINDOW

三门县文化广电新闻出版局　编著

浙江人民美术出版社

图书在版编目（CIP）数据

凝固之美：三门石窗艺术的文化品读 / 三门县文化
广电新闻出版局编著. -- 杭州：浙江人民美术出版社，
2018.5
ISBN 978-7-5340-6811-9

Ⅰ.①凝… Ⅱ.①三… Ⅲ.①石制品—窗—建筑艺术
—三门县—图集 Ⅳ.①TU-883

中国版本图书馆CIP数据核字(2018)第082160号

凝固之美
三门石窗艺术的文化品读
编辑委员会

顾　问	杨胜杰	李昌明	王　淼	奚天鹰	金光远
	俞茂昊	祁　晋	杨天瑶	陈祥麟	
主　任	陈钱明	胡金水			
副主任	郑春红				
委　员	陈世葆	刘克英	高同生	梅　军	杨海平
	吴　晓	郑有堆			
主　编	梅　军				
副主编	林日斌	葛　敏			
编　撰	刘杭华	徐建国	梅冰泠		
撰　文	陈祥麟	高同生	梅　军	林日斌	
摄　影	葛　敏	林日斌	吴　晓		

责任编辑：杨海平
装帧设计：龚旭萍
书名翻译：吴　山
责任印制：陈柏荣
责任校对：黄　静

凝固之美

三门石窗艺术的文化品读

编　著	三门县文化广电新闻出版局
出　版	浙江人民美术出版社
	(杭州市体育场路347号　http://mss.zjcb.com)
经　销	全国各地新华书店
制　作	杭州东印制版有限公司
印　刷	浙江海虹彩色印务有限公司
开　本	889mm×1194mm　1/16
印　张	11.25
版　次	2018年5月第1版·第1次印刷
书　号	ISBN 978-7-5340-6811-9
定　价	280.00元(精)

如有印装质量、问题影响阅读，请与承印厂联系调换。

目录

前　言

　　历史文化遗产凝聚着前人的智慧和创造，记录着社会人文乃至自然变迁等多方面的丰富的历史信息。珍贵的历史文化遗产是前人留给后人不可再生的宝贵财富，是进行文化创新的精神源泉，也是研究历史、借鉴历史的重要依据。

　　三门石窗，是三门珍贵的历史文化遗产之一。

　　三门石窗始于南宋，盛于明、清。在千百年的历史长河中，不断发展，不断被注入传统文化内涵，实现了实用性和艺术性的高度融合。

　　品读那一扇扇久经岁月沧桑的石窗，我们看到了三门湾历史文化的鲜活身影，看到了三门人民高超的石雕技艺、丰富的艺术想象力和旺盛的艺术创造力，也看到了他们追求美好生活、美好事物的愿望。

　　三门石窗，是三门湾历史文化的一个缩影，是三门人民向世人敞开的一扇美丽之窗。

　　在迅速发展的现代化进程中，抢救和保护三门石窗是当代人义不容辞的历史责任。三门的有识之士早在十多年前就着手进行实物搜集和资料的拍摄、整理。近年来，三门县政府成立了民族民间艺术保护工程领导小组、三门石窗艺术研究会，文化部门又对现存的石窗资源进行了全面的普查、整理、征集，并设立了古民居、古村落保护点，同时，着手建立三门石窗艺术馆。目前，三门石窗已被列入浙江省非物质文化遗产保护名录，并被浙江省文化厅推荐申报国家级非物质文化遗产保护名录。

　　编辑出版这本《凝固之美——三门石窗艺术的文化品读》画册，旨在抢救处于濒危状态的石窗艺术，为研究者提供三门湾文化的历史佐证，为保护、传承、弘扬民族民间艺术提供一份珍贵的史料。

三门石窗艺术探究

三门石窗俗称石花窗、石漏窗，是三门湾传统砖木结构建筑中普遍使用的镂空雕花石窗。其造型多样，雕琢精致，图案丰富，寓意深远。因起源于三门湾畔，故而称之三门石窗。

三门石窗的起源和传承

  三门，地处浙东沿海三门湾畔，县因湾得名。在这方美丽的土地上，不只是海天雄奇、山川神秀，而贵在灵山秀水中还蕴藏着悠久的人文历史。兼具天之工巧、人之灵性的三门石窗即为三门珍贵的非物质文化遗产之一，其产生和发展过程有着特有的客观自然因素和深远的历史渊源。

  三门先人大多逐水而居，沿海、临港一带村落棋布。因风盛雨沛，空气湿润，木质构件易受腐蚀，故而民居建筑外墙、房壁下部及庭院多以石块、石板砌墙、铺地，同时，以采光、通风为目的，兼具耐用、防盗、防火等功能的石窗也就应运而生（图1）。

  蛇蟠石又为三门石窗的创造提供了得天独厚的物质条件。

  蛇蟠岛为三门近陆岛屿，因形似蛇蟠而得名。岛上盛产江南名石——蛇蟠石，其色赭红，华贵喜庆，其性中和，纹理均匀，其质少缝隙，宜雕宜琢，为建筑装饰之上好材料。蛇蟠岛历史悠久，据考证，岛内遗有多类新石器时期的原始工具。唐时，蛇蟠石已得开采，用于民居建筑及古墓构件。宋时，朝廷大兴"花石纲"，州县效仿，蛇蟠石一时风靡。三门石窗与木雕窗、砖雕窗同时用于民居及园林建筑中，并逐渐形成规模。因采石留下千余个奇异的洞窟（俗称石仓），故蛇蟠岛又有"千洞岛"之美称（图2）。明末清初，天台人朱章程游蛇蟠岛后，写下了脍炙人口的《石仓》，描述了当时的采石盛景："攀磴何须谢氏屐，盘旋恍似陆君舟。门悬云级螺房险，声振沧龙破壁休。" 明、清时期，是三门石窗鼎盛期，其产品远销苏、沪、杭、闽、瓯等地及日本、韩国等东南亚国家。至今上海城隍庙、杭州灵隐寺、宁波天童寺及乡村古民居，仍可见其踪影（图3）。

图1 三门石窗

图2 蛇蟠石窟

图3 古民居

图4　竖长方形窗

三门石窗制作经验经过长期的生产、生活实践积累，工艺日臻成熟，其特征有三：

（一）形成了造型及布局的固有模式。三门石窗从形制上分为竖长方形、横长方形（包括半道窗）、正方形、圆形、菱形、扇形、双连窗形等，以大众熟悉的几何形图案凸现美学意义，达到雅俗和谐的统一（图4—图9）。从题材上分为几何纹、铜钱纹、一根藤纹、花草纹、龙凤纹、文字纹、人物纹、八宝纹、动物纹等九大类（见"分类图说"）。其固有模式包括如下含义：一是不同形制石窗尺寸的规格化。如使用最多的竖长方形石窗，大都长80厘米、宽60厘米。二是各类题材窗花形成了较为固定的形象范式及其组合模式。如抽象化的龙纹中有"香草龙"与"夔龙"等，"香草龙"都为圆弧形结构，线条流畅；"夔龙"都为方形结构，棱角分明。而两者造型都只刻画龙头、龙身，省略了龙爪、龙鳞、龙尾。再如"缠枝花"，分有叶、无叶两种，缠绕的方式却都相同。三是不同建筑物、不同墙面与不同形制形成了布局相对固定的关系。如竖长方形一般使用在民居外墙下半部，横长方形一般使用在上半部，圆形一般使用在庙宇、祠堂或横向较长的围墙上（图10—图11）。

图5　横长方形窗

图6　半道窗

图7　方形窗

图8　圆形窗

12

（二）形成了一整套特制工具、特定雕刻方法和特有的工艺特点。（详见下节"三门石窗的制作流程、特制工具和工艺特点"。）

（三）形成了专业的雕刻工匠队伍。明、清时期，三门有许多"细石工"，他们区别于采岩、砌墙的"粗石匠"，专门从事石头雕花，其中部分工匠则专门雕刻石窗。其从业方式有两种：一为外出者，受雇主邀请上门制作，包吃住，按工付酬。据统计，三门外出的"细石工"最多时仅海游地区就有近百人，足迹遍布浙江新昌、宁波、温州和福建、江西等地。二为制作石窗兼做石础、坟茔构件的作坊"细石工"。仅蛇蟠"石行"，当年雕窗工匠就有数百人。《三门县志》载有石雕艺人张宗足的传记，鼎盛时期制作石窗的能工巧匠数以千计。

石窗设计人员分两类，一类为"细石工"名师，另一类为文人墨客。石窗图案多为花鸟鱼虫、飞禽走兽、吉祥如意、福禄寿禧等，题材广泛，或借鉴民间木雕工艺，或来源于典故史籍，或来自民间传说。经过长期积累，"细石工"师傅都形成了一整套自己的窗花范本。从事石窗雕琢的能工巧匠代有传人，传承方式为家族传授和师徒相授两种。

据考究，铁器时代，石窗就出现在人类生活中。简易镂凿的石窗在我国的很多地方都有。但精心雕琢有着丰富人文内涵并在生活中被大量使用的石窗，则发端和成熟于三门。因此，三门石窗堪称"艺术石窗鼻祖"。

图9 双连窗

图10 古民居墙面

图11 古民居

三门石窗的制作流程、特制工具和工艺特点

图12 采石场

三门石窗制作流程可分采板、打磨、画样、上样、雕刻、镂空、修光等六道基本工序。

采板即采石板。最常用的方式是平起法。其技法为：先在岩石平面上按一定长度尺寸，四边凿出狭长形内斜洞眼，再在洞眼插入被称为"麻雀"的钢锲子，然后以磅锤轮番敲紧"麻雀"，使四边均匀受力，从而将石板撬起。制作石窗的各类石板厚度大致相同，一般在5至6厘米左右（图12）。

打磨就是将石板表面初步打凿平整，以便上样。

画样即画出窗花图稿。简单粗放的窗花可直接在石板上画样。

上样就是将稍复杂、精细一些的窗花，先在纸上画稿，一式正反两份，后将画稿准确对应地粘贴到石板两面。

雕刻、镂空通常遵循"三先后"工序：1.先雕后透——即留住的花样先雕琢，边雕边镂空；2.先粗后细——先粗雕，去掉镂空部分后再进行细雕；3.先正后反——先雕正面后雕反面，有小块面浮雕的窗花，则先雕刻浮雕部分。上述雕刻工序还要根据石材特有性质来决定，因为石材比木材坚而脆，且窗花镂空后残留的部分都为线条状，所以较大的雕刻都须在镂空前完成。另须讲究"平"、"实"，石窗雕刻时必须十分注意石板铺垫，防止制作时震裂。（图13）

修光是最后的一道细加工工序。包括刻画一些较浅的线条，精雕和修整一些细部，主要是对图案表面、镂空侧面进行磨光。用麻绳或麻团浸水蘸沙磨是最考究的磨光方法，磨后窗花表面光滑细腻。

图13 老艺人雕刻石窗

石窗雕刻器有锤、斧、錾、钢锲子四大类（图14）。锤分为四磅、两磅、一磅。斧分跺斧、锯齿斧，亦有轻重之别。錾有瓜子錾（錾头形若瓜子）、摘錾（錾头宽1厘米至0.5厘米）、寸口錾（錾头宽3厘米左右）、劈錾，此外还有各种形状、各种用途的小錾。钢锲子（俗称"麻雀"）则是被用于分解和裁割石块的。另有墨斗、墨尺、角尺等画线工具及专门用于磨光的铁制磨条、磨石，钻孔的旋钻等。

三门石窗作为一种优秀的民间传统工艺，制作上具有极高的技术性和艺术性，内容上题材丰富、寓意深远。其主要工艺特点有：

（一）多种技法并施兼用的石雕工艺

三门石窗工艺综合体现了浅浮雕、浮雕、深雕、半圆雕、圆雕、透雕等雕刻艺术的多种手法，并结合石材特性形成了自己一整套的镂挖、起地、刻线、钻眼、打磨技术。

（二）实用与审美相统一的表现形式

三门石窗的形制和窗花实现了实用与审美的统一。

图14 部分制作石窗的工具

14

1. 形制。石窗造型大多呈长方形，长宽比例为3:2，符合造型艺术中的最佳黄金分割比例，是数学、艺术和哲理的绝妙结合。此外，还有圆形、菱形、扇形等，使内容与形式和谐统一、舒适悦目。竖长方形石窗通常镶嵌在较高墙面的下半部，竖长方形既与墙面整体相和谐，又起到观感上"提起"的作用。从实用角度看，因其处在墙的下半部，能更有效地采光及通风（图15）。横长方形石窗（半道窗），通常用在楼上接近屋顶的墙面上（图16）。从审美角度上看，小面积的横向长方形能与屋顶轮廓线形成一种呼应，避免了与墙面下半部竖长方形的石窗重复，使墙面显得丰富生动。正方形、圆形的石窗一般被使用于面积较大的墙面，显出一种独特的形式美感，起到"点睛"作用。圆形的石窗在祠堂、庙宇中被成双成对地使用，更透出一种神秘感和神圣感。

2. 窗花。以线条为基本美术元素的窗花实现了窗面的半去半留，保证了采光、通风和承重。在线条的各种艺术处理及与小面积块面的组合中，注入寓意深远的特定文化内容，既形成了石窗艺术鲜明的个性特征，又展现了艺术内涵的丰富性，使实用性与艺术性相辅相成，相得益彰。

（三）汇集民族民间文化的窗花题材

1. 窗花题材全面反映了儒、道、释三教的民间信仰。三门历来奉道尊佛，晋时，就有丹丘寺、广润寺、多宝讲寺、百花清洞（即现仙岩洞）等寺院、道观。邻县天台，更为"佛宗道源"，道、释文化对三门湾的民俗文化影响巨大。儒学被历代统治者尊奉二千余年，在三门也产生了重要影响。因此，在三门石窗窗花中，三教题材皆有涉猎，如反映道释合一的"文武双全窗"、儒家的"铁笔犀角窗"、道家的"如意暗八仙窗"、释家的"如意百结窗"等（图17—图20）。

图15　竖长方形石窗

图16　横长方形石窗（半道窗）

图17　文武双全窗

图18　铁笔犀角窗

图19　如意暗八仙窗

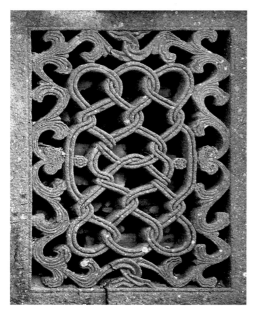

图20 如意百结窗

图21 龙飞凤舞窗

图22 一根藤蝠（福）到窗

2. 窗花题材集中表现了民俗文化的特点。"吉祥安康"、"状元及第"、"世代封侯"是历代百姓的愿望，三门石窗则高度集中地表达了这些内容。三门石窗突出体现了民俗文化的三个特点：其一，喜庆、吉祥的表现风格，如"吉祥如意窗"、"喜字窗"、"龙飞凤舞窗"（图21）等；其二，借物寓意和谐音取义，如"铜钱窗"、"蝠（福）到窗"（图22）、"世代封侯（猴）窗"等；其三，符咒式表达方式——基于标志什么就能招致什么的文化理念，如"寿字窗"、"状元及第窗"（图23）、"松鹤长春窗"等。三门石窗图案在题材和表现上都涵盖了民俗文化的这些特点。其愿望和理想真切热烈，绝无消极的表现，无论几何、花草、鸟兽、人物皆是如此。

3. 窗花题材创造、丰富和发展了民间美术。有人认为，几何纹、花草纹、一根藤纹等图形，首先在石雕中出现，而后才被应用于木雕、剪纸、服饰等民间工艺。出现先后的时间未能确证，但显然都源于民间美术创造。这些装饰化、抽象化程度很高的纹饰，内容丰富，蕴涵着强烈的民俗观念和真挚情感。石窗雕刻工匠就是这些民间装饰纹样的创造者之一。石窗雕刻根据自身需要，在创造、丰富和完善了这些图案的同时，也使自身保持了纯朴的民俗风韵。龙凤、鸟兽、人物类窗花亦然。

（四）窗花造型具有高度的艺术性

石窗窗花造型是线和块面物象造型的组合，具有高度的艺术性。

线条造型在窗花中采用了两种艺术化的表现手法：一是物象化，即把线雕刻为茎、藤、蔓草图案（图24）；二是几何化，即以线把窗口平面分割成几何图案（图25）。在物象化的表现中，窗花线条艺术紧扣物象主要特征，以大幅度概括、夸张、追求物象的形式美感，达到了形象与抽象的和谐统一。如大量的龙纹，口张爪舞、盘虬回环，活灵活现，其线条图案劲挺而舒展（图26）。在几何化的表现中，窗花十分注重线条的横直、正斜、断续、疏密安排和在窗面整体上的对称、衬托等作用，创造了风车纹、步步锦纹、献礼纹、万字纹等多种几何纹饰，营造了视觉上或庄重、或灵动、或华丽、或清雅的美感（图27）。

块面物象造型以人物、走兽为主。物象刻画高度概括，注重动态、传神，背景高度简化，注重衬托氛围，强化主题，这些都是窗花物象造型艺术成熟的标志（图28）。

图23 状元及第窗

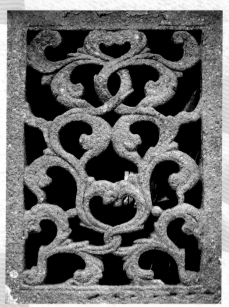

图24　卷草窗

图25　万福流水窗

图26　双龙戏珠窗

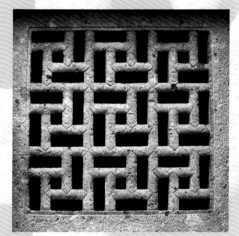

图27　风车纹窗

图28　东方朔献桃窗

三门石窗的民俗文化学价值

　　窗，在人类建造居舍之初本为采光通风之需。《诗经》中"塞向墐户"，指的就是这种没有窗门可关的窗口。随着人类文明的积累，窗渐渐有了门，有了文化内容的注入。三门石窗，是三门人民在漫漫历史长河中，创造并不断完善的石材窗棂的工艺结晶。三门石窗不同于那些制作、应用上只涉及特定阶层或少数群体的传统工艺，它由普通劳动者创造，广泛应用于普通百姓和各阶层生活，从创始至成熟始终在民间。因此，三门石窗有着极高的民俗文化学价值。

　　三门石窗有的朴拙、粗犷，有的精细、考究，是一部研究不同家庭个体经济状况、不同历史时期社会生产力水平或文化趣味的教科书。三门石窗不同的形制、不同的窗花被应用于不同的建筑、不同的部位，是一个人们了解三门湾地域建筑文化的窗口。三门石窗在各地被广泛应用，也是促进区域经济、文化交流的窗口。三门石窗的窗花题材，广泛记录了民间百姓的宗教信仰、生活理想、文化观念、审美趣味，更是解读三门湾人文风貌，研究三门湾地域民俗文化极其宝贵的非物质文化遗产。三门石窗所表现的高雅与俚俗同在，儒、道、释三家共存，显示了中国文化特有的多元性和包容性。诸子百家的思想在民间水乳交融，互为贯通，体现了三门湾民俗文化的深厚底蕴。

　　透过三门石窗，我们看到了三门地域极具特色的灿烂历史文化，看到了三门人民有着石头一样的刚强、藤一样的坚韧、龙珠一样的明亮、花草一样的柔美的心灵，也看到了三门人民深沉博大的文化胸襟和刚柔相济的人文品性。

1 几何纹石窗

　　以非象形的线条按一定规则分割窗口平面所形成的窗花图纹，总称为几何纹。几何纹窗花以线条疏密、曲直、正斜、断续等表现形式和对称、均衡、衬托等布局手法，营造了或庄重或灵动、或富贵华丽或清雅简朴的种种美感。

　　原始的几何纹石窗并无文化寓意，仅仅是满足最朴素的实用需求。随着石窗工艺的发展，人们在感受美的过程中，不断注入新的文化元素，创造了各具特色、异彩纷呈的几何纹石窗艺术。现存最常见的是条形纹、万字纹、风车纹、步步锦纹和献礼纹。

条形纹

条形纹石窗亦称直棂窗，以条形为基本特征，是最为原始、最简朴的石窗造型。后经衍变，在直棂中镶嵌花卉、元宝、铜钱等图案，使单一的线条变得生动、空灵，寓含"一元复始"、"万象更新"、"富贵安康"之意。

20

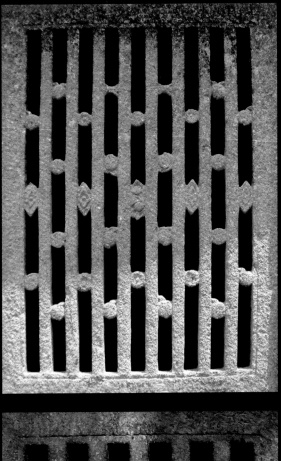
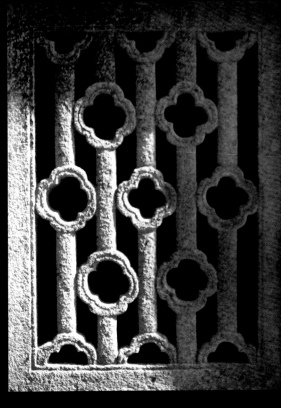

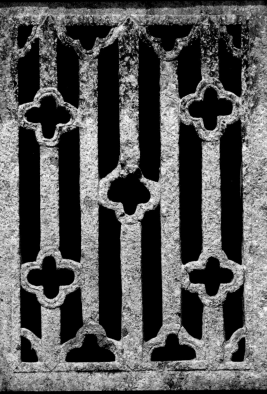

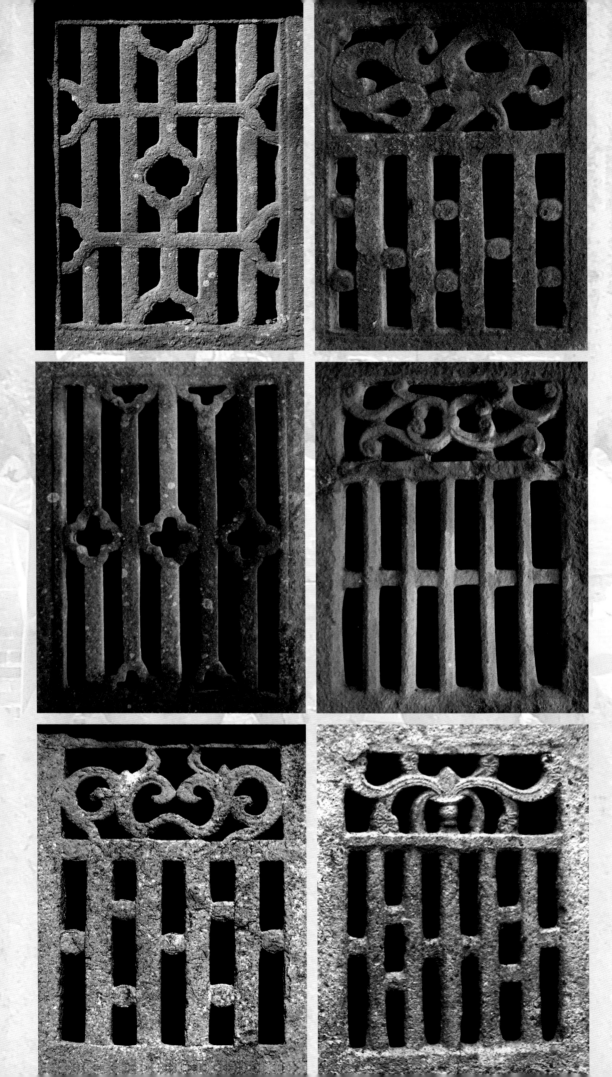

23

万字纹

  万（卐）字纹石窗，有正、斜形两式，又分单字、多字纹。有"万福流水"、"万事如意"、"万字无边"、"万象更新"诸多寓意。"卐"字是我国民间极古老的吉祥图案，因与佛教标志一致，故又有敬佛和祈求佛佑之意。

风车纹

　　风车纹石窗，分正形、斜形、双线几种。风车纹石窗图案源自于三门民间玩具风车的样式，有"吉庆欢乐"、"绵延不息"、"福泽长流"之意，也带有百姓对大自然崇拜的寓意。

38

步步锦纹石窗，分正、斜形两式。其造型结构如用长方形砖、石叠砌的高台，上部边线如步步向上的台阶，故有"步步高"之意，象征着"芝麻开花节节高"、"人往高处走"的祈望。

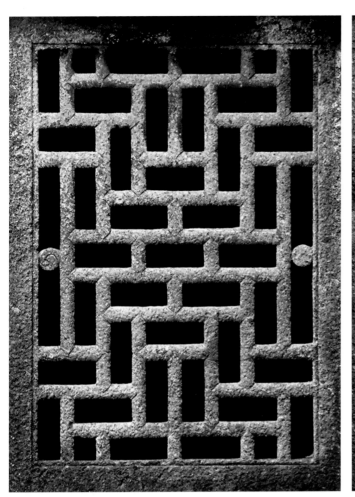

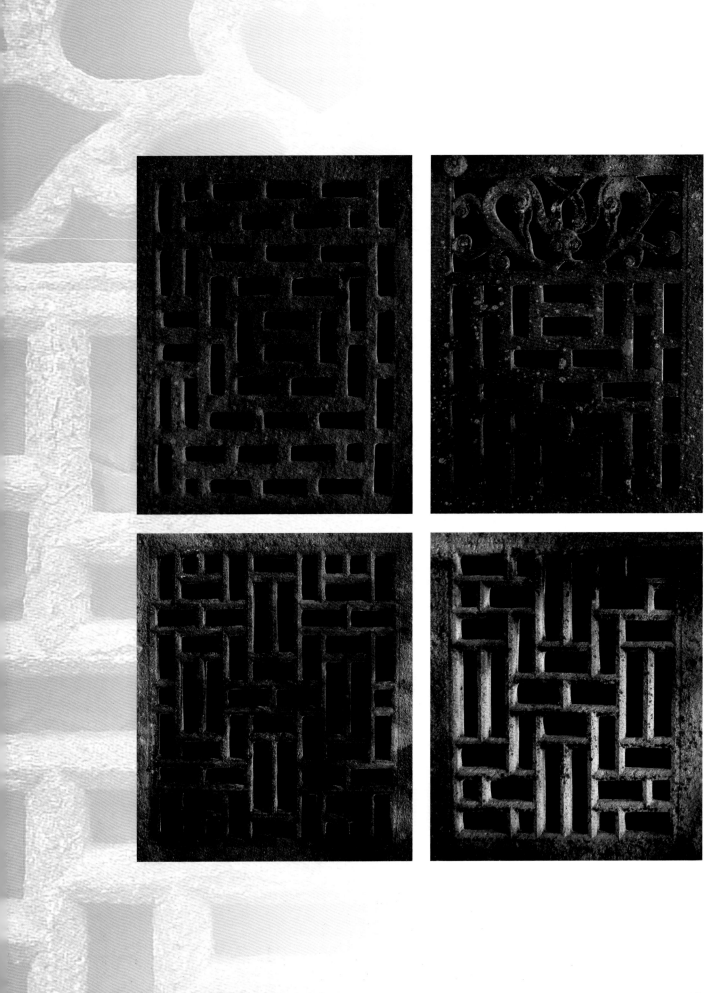

献礼纹

　　献礼纹石窗，图纹特征是不完整方形对捧一个完整方形，形如礼盒上下交叠的俯视图，故名。礼盒里装的自然是上好佳品，受礼者亦为有地位、有权势之人。献礼纹寓意和寄托的愿望是富贵荣华、受人尊敬。

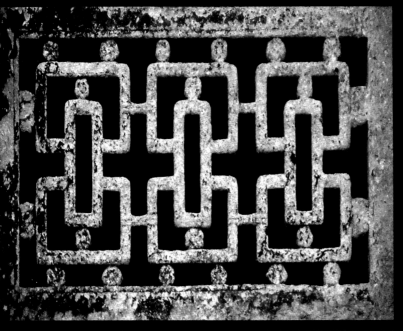

54

56

回形纹等

　　回形纹石窗，线条断续，向内弯曲，其形如"回"字。另有十字花纹、八卦纹、人字纹、海棠花纹、菱形纹、扇形纹等图形石窗。

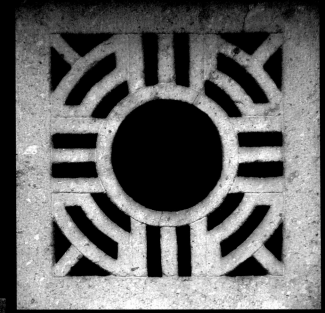

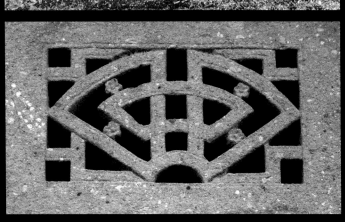

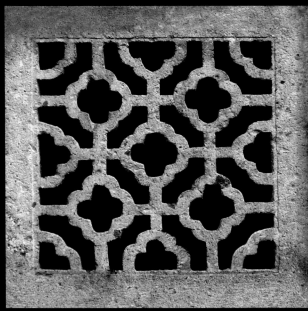

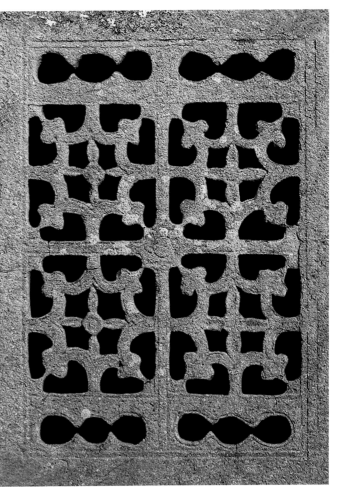

2 铜钱纹石窗

　　铜钱纹石窗以外圆内方的铜钱为形象组合而成，有单独、并列、交叠等式。因"钱"谐音"前"，钱孔似眼睛，意即"财在眼前"，又多与蝙蝠、喜鹊、卐字等组合，有"福在眼前"、"喜在眼前"之意,使钱纹窗更显吉祥、喜庆。钱是财富的象征，寓含"财源广进"、"天圆地方"之意及儒家尊崇的"外圆内方"的心身修养境界。钱纹在佛教中也是人体六轮(即顶轮、眉轮、喉轮、心轮、脐轮、海底轮)的象征，所以钱纹有时也表示对佛的一种敬意。钱纹又为文人"八宝"之一。钱纹的枚数组合各有其寓意。

单钱纹（一本万利、一帆风顺）

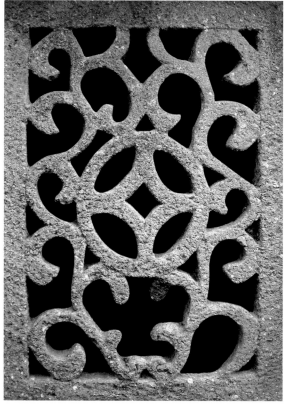

双钱纹（二人同心、双喜临门）

四钱纹（四世同堂、四方大利）

 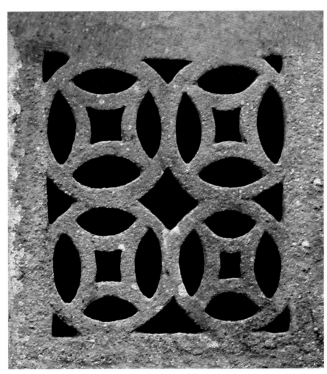

五钱纹（五子登科、五谷丰登）

六钱纹（六六大顺、六畜兴旺）

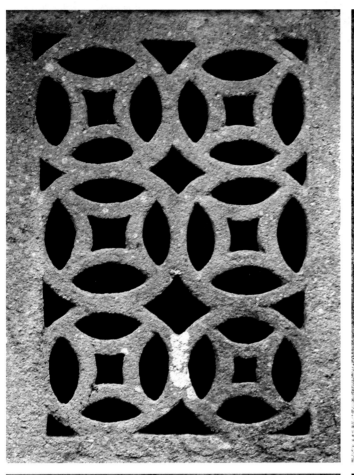

七钱纹（七巧盈门、妻荣夫贵）　　　　八钱纹（八仙同庆、八面威风）

九钱纹（久久得福、九九归一）

十钱纹（十全十美、十拿九稳）

76

多钱纹（多子多福 、财源滚滚）

3 一根藤纹石窗

  藤是三门自然生长的植物，种类繁多，是"坚韧顽强"、"兴旺发达"、"生生不息"的象征。

  一根藤纹石窗图案是三门人民杰出的文化创造。它以藤本植物为原型，省略一切枝蔓，只以一条藤状曲线的缠绕来构图，既达到了形式上高度简洁的美，又十分鲜明强烈地表达了人们对于生命"长寿"、子孙"繁衍不息"、家族兴旺不衰的美好祈望。

  一根藤图案的盘曲方式极富机智，回环穿插，委婉多姿；或接框起头走尾，或首尾相连。常见的一种组合是在窗面中心部位盘曲出菱形、扇形、瓶形、圆形等，再在其中嵌以文字、花鸟、人物等寓意吉祥的图纹，使得画面更丰富美观，寓意也更深远和鲜明。

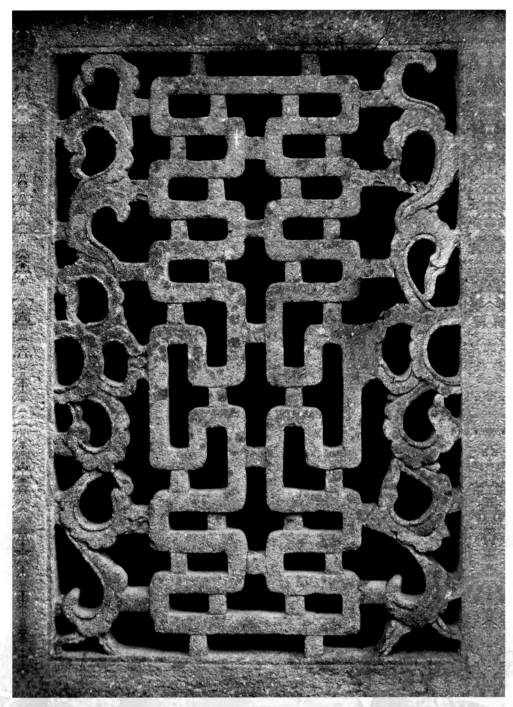

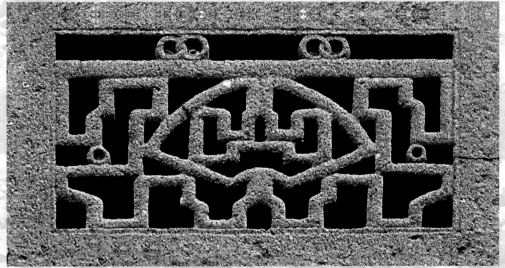

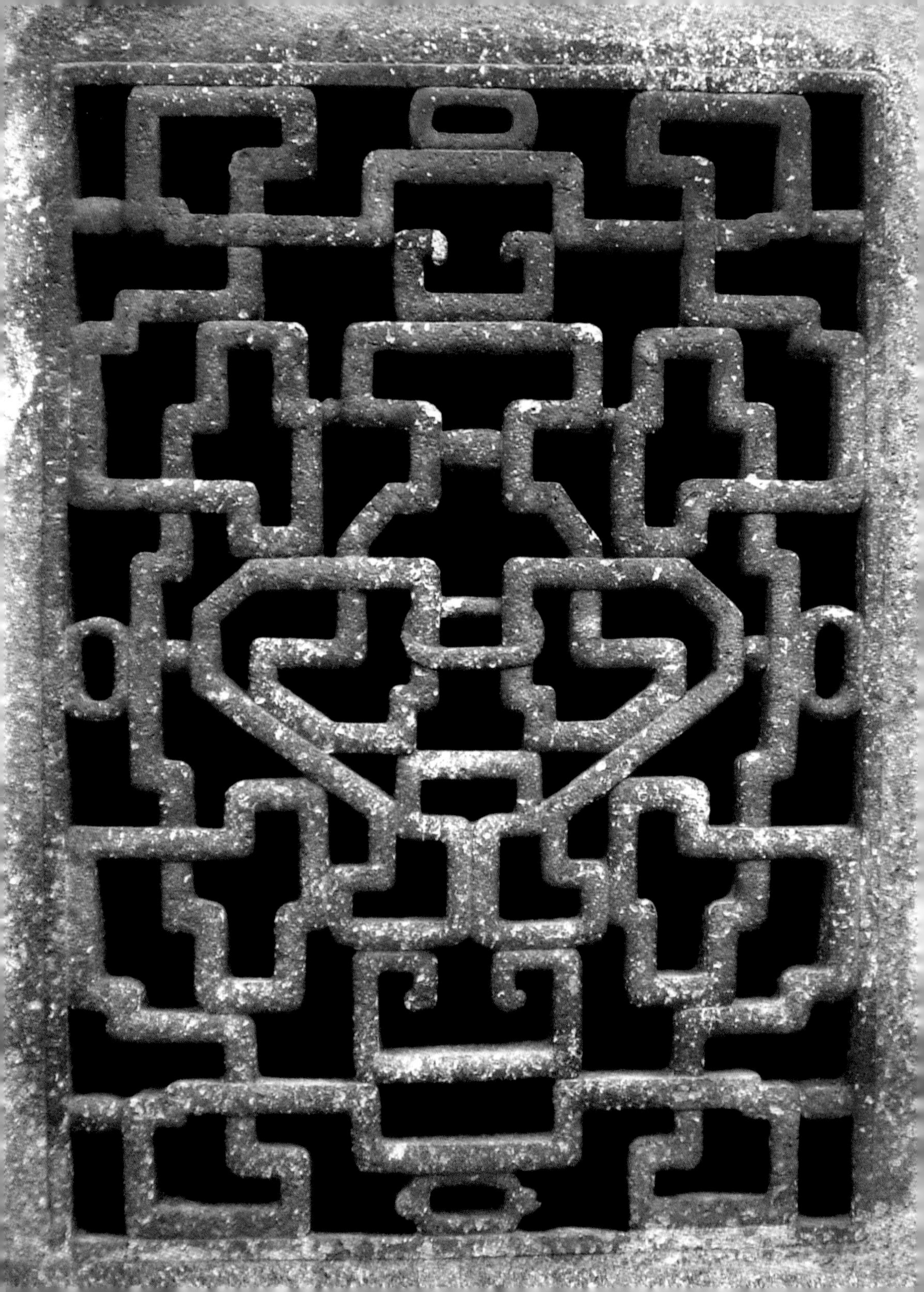

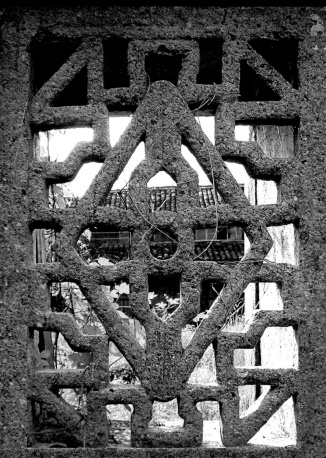

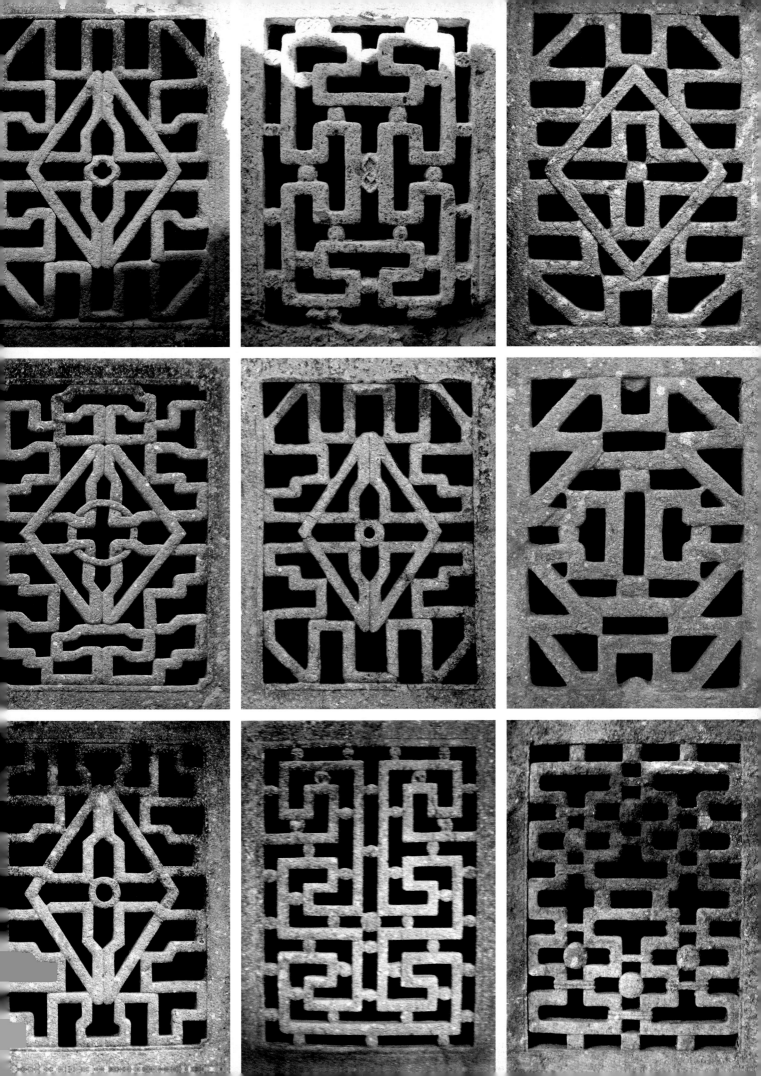

4 花草纹石窗

花草纹取材多样，有蔓草（卷草、香草）、缠枝花、宝相花、荷花、菊花等几类纹样。

蔓草纹是爬蔓类植物进行抽象概括后形成的图纹。爬蔓类植物能攀附他物蔓延生长，有很强的生命力。三门方言"蔓"与"万"音近，故有长久、长寿、子孙（家族）兴旺之类的吉祥含义。

按形象特征又可将蔓草花纹分为缠枝和不缠枝两大类。

缠枝花纹常见的可分为卷带叶（如海带翻卷的叶）和纯蔓两类形象。共同的基本特征是花枝（蔓）两两相缠至枝梢分权展开，形成左右或上下对称的花纹。有卷带叶一类的花梢似叶似花，中间有尖角形一颗似花子，又被称为"开花结子"。缠枝花纹寄寓着夫妻恩爱、香火绵延的祝福和家庭和谐、兴旺发达的愿望。

宝相花纹是传统的一种团状花纹，也是多种花朵形象的综合，寓意吉祥如意，为佛教所常用。

花草纹也反映了三门人民热爱自然、追求美好的积极向上的生活态度。

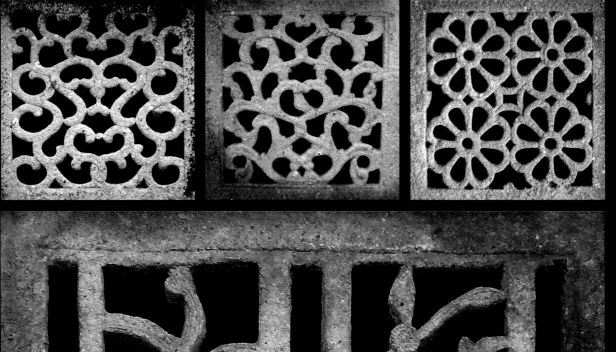

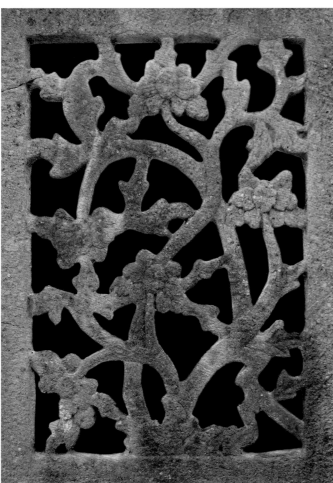

93

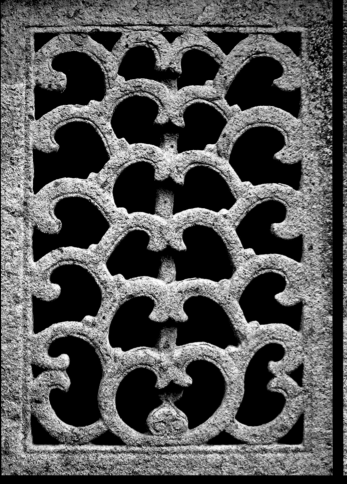

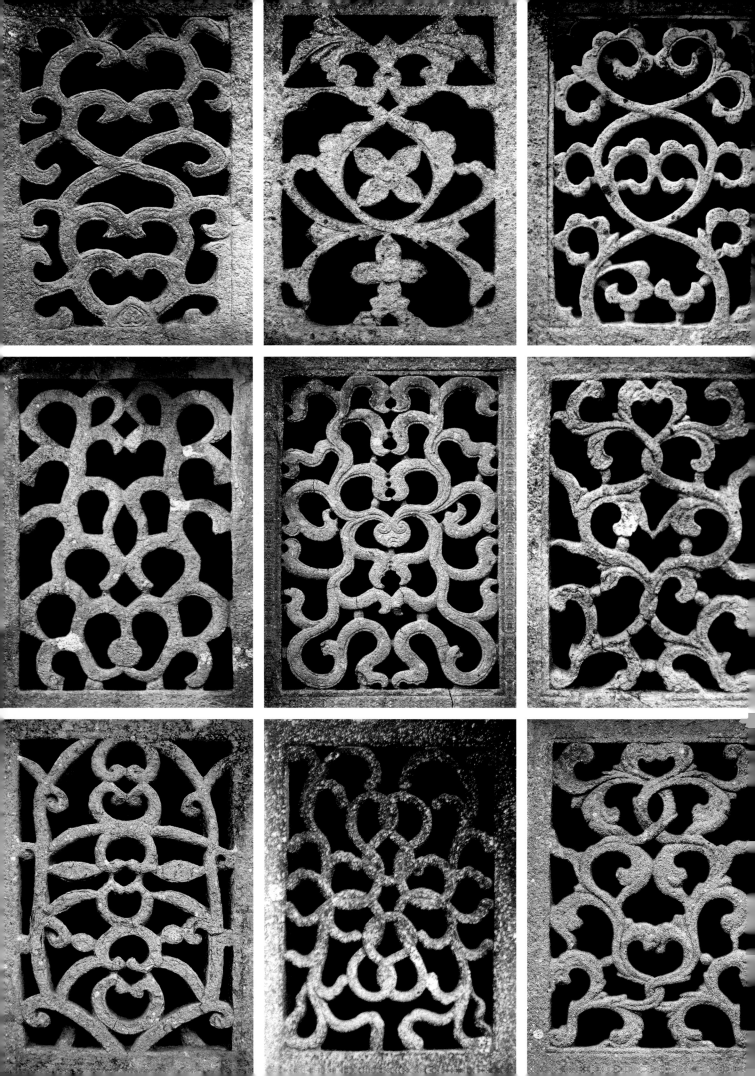

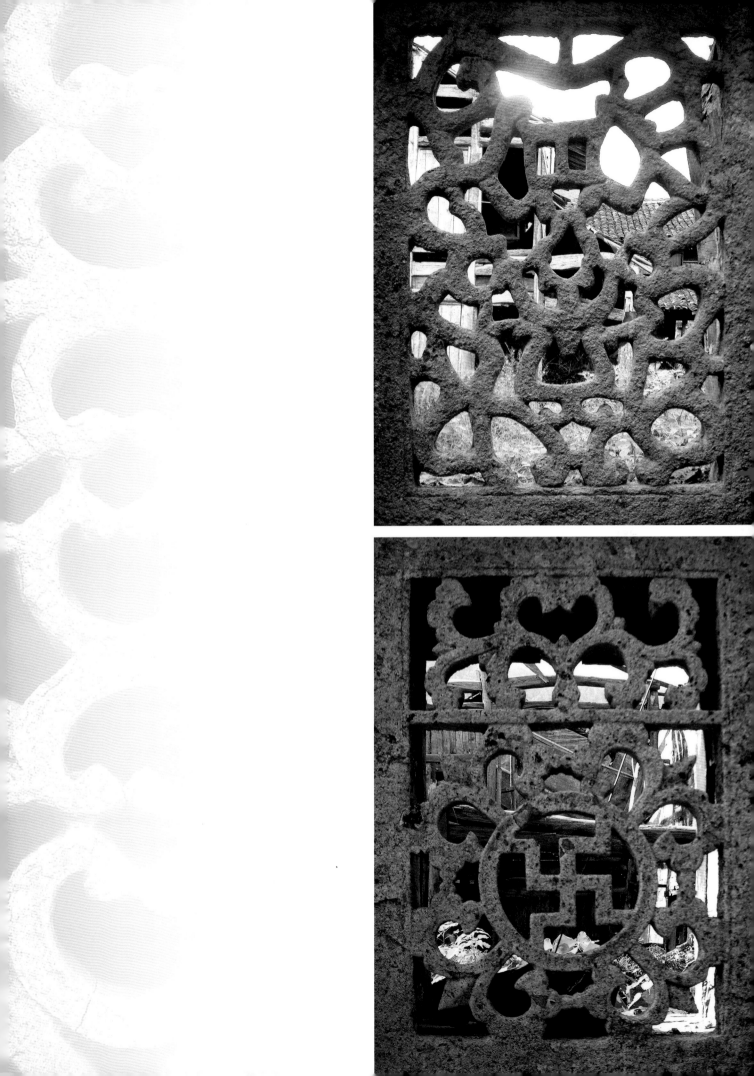

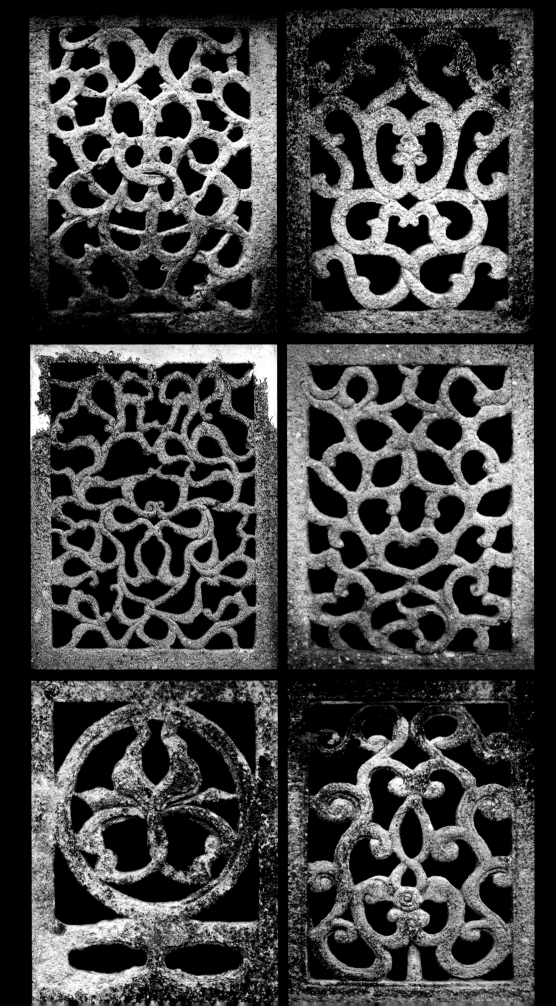

5 龙凤纹石窗

　　龙凤起源于原始社会人们对自然和动物的崇拜，经过远古先民的图腾化艺术加工和创造，最后成为中华民族的吉祥物。三门民间认为山有山龙，海有海龙，把闪电称为龙闪，哪方天空起云下雨就认为是哪方龙行的雨。因龙的线状形体恰又十分符合石窗的需要，故而被广泛应用。

　　龙纹石窗可分为抽象和写实两种。

　　抽象化的龙纹按形象特征又可分为"夔龙"和"香草龙"两类："夔龙"方转盘曲，形象神秘威严；"香草龙"状似蔓草，圆转盘曲，形象优雅美丽。与写实的龙相区别，两者都高度抽象化。夔龙纹形象显然是商代"夔龙"的沿袭，是石窗艺术历史继承性的典型纹样。而"香草龙"形象则是将对更远古的植物崇拜和对植物美的欣赏糅合进龙纹，反映了根植于上古文化的"万物有灵"、"天人合一"等的思想观念。这些拙朴、大胆、浪漫的艺术思维，创造出美观与神秘高度融合的艺术特色，是石窗艺术民间性的典型纹样之一。

　　写实的龙纹在形象刻画上比较具体，头、身、鳞、爪都有表现，如"蛟龙"、"云龙"等，但作品较少。

　　按龙盘曲方式和在窗面上的布局方式又可分为行龙、团龙、满天龙、双龙、单龙等纹样，各类又互相交叉组合。团龙纹即盘曲成圆形的龙，通常是单龙，位于窗面中心，周围衬以祥云等其他图纹。除团龙外，其他的龙纹都是行龙。满天龙纹即满窗只有一条或二条龙，或仅加云朵，亦称云龙。以对称式为多。

　　双龙组合较普遍的有：一为"捧珠式"，捧珠或捧"寿"字等吉祥物，龙纹对称，珠或"寿"等吉祥物居中，称之"双龙捧寿"、"双龙戏珠"。二为"隐字式"，纹身变形成"福"、"禄"字样（"隐字式"本书归入"文字纹石窗"）。三为"倒互式"，以组合为多，如一条龙上腾，一条龙下行，寓含"龙行天地"之意。

　　凤纹石窗，有双凤、单凤等形式。其常与牡丹等花卉组合，以"丹凤朝阳"、"凤戏牡丹"为主要图式，寓含祈祝荣华富贵、世道昌盛、普天吉祥之意。

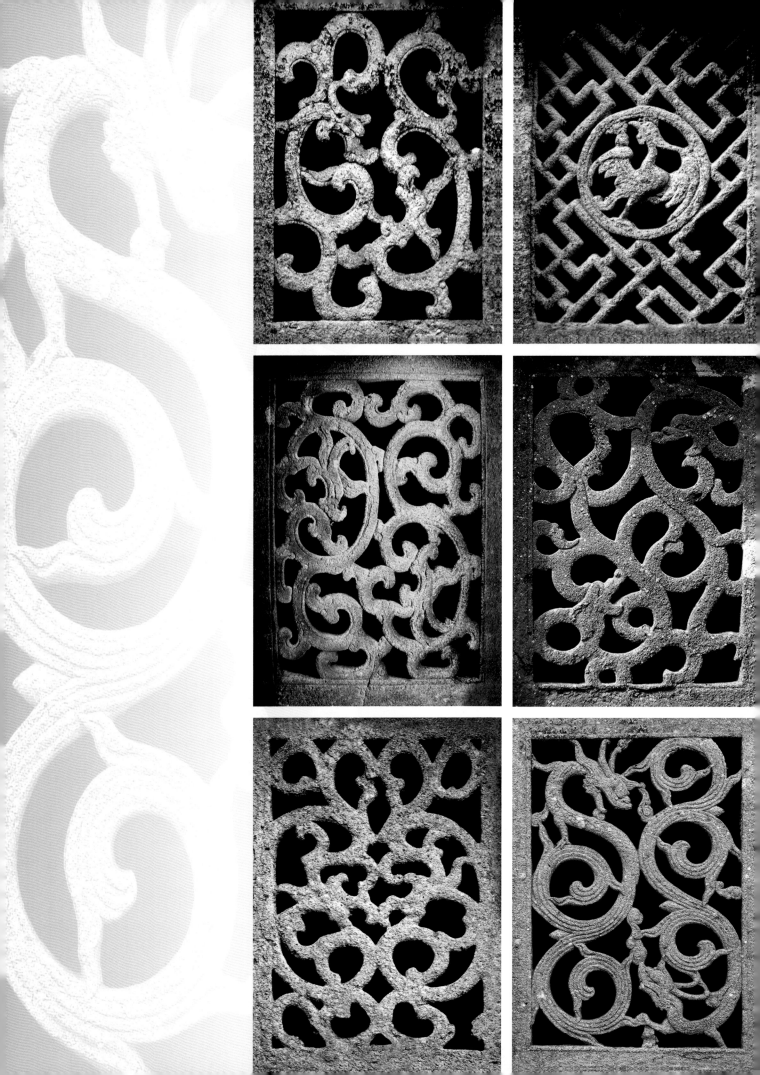

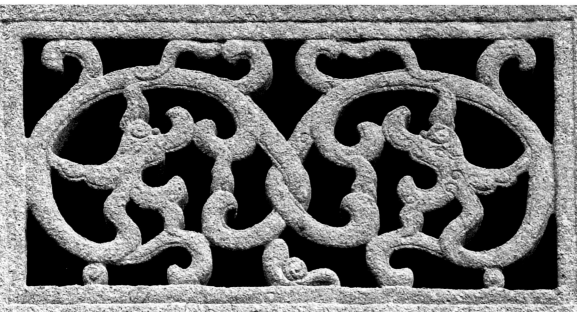

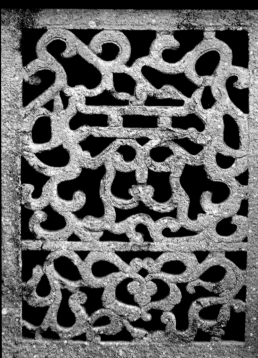

6 文字纹石窗

　　石窗文字内容最多的是福、禄、寿，其他也都是吉言吉字，如龙、舞、魁等，表示一种崇拜，同时寄寓一种祈望。

　　文字在石窗中有三种表现形式：一是直接刻画式；二是借形赋字式；三是图纹隐字式。

　　直接刻画式，即以正、草、隶、篆等字体直接将吉言吉字作为窗花的中心内容。直接刻画式富有书卷气息。

　　借形赋字式，主要是借助龙的盘曲形成"福"、"禄"字样。既是龙又是字，既表达了祝愿，又借助了龙的神威，富有朴素的民间趣味。

　　图纹隐字式，主要是将福、禄、寿三字演化为美观的图纹来表达。福、禄两字演化成几何纹。寿字演化后的样式最多，常见的有三种：1. 团花形，即成圆形对称的几何纹；2. 亭炉形，用纯直线时像一个亭子，下部用曲线时像一个香炉，下部有时又是一个寿桃形状。亭炉形"寿"样式最为丰富，注入的吉祥意象也最为丰富——亭子是美丽考究的建筑，香炉须富贵人家才有，桃因为有驱邪赋义，是与长寿联系起来的一种形象，"美亭"、"香炉"、"寿桃"都是既美观又吉祥的东西；3. 画戟形，是由篆体字衍化的对称的字体，形似方天画戟。戟是兵器，又谐"吉"音，画戟形寿字又是道教、佛教常用的符号，这种衍化不但是美化，也是赋予文字神性和灵性的一种方法。

"福"、"禄"纹

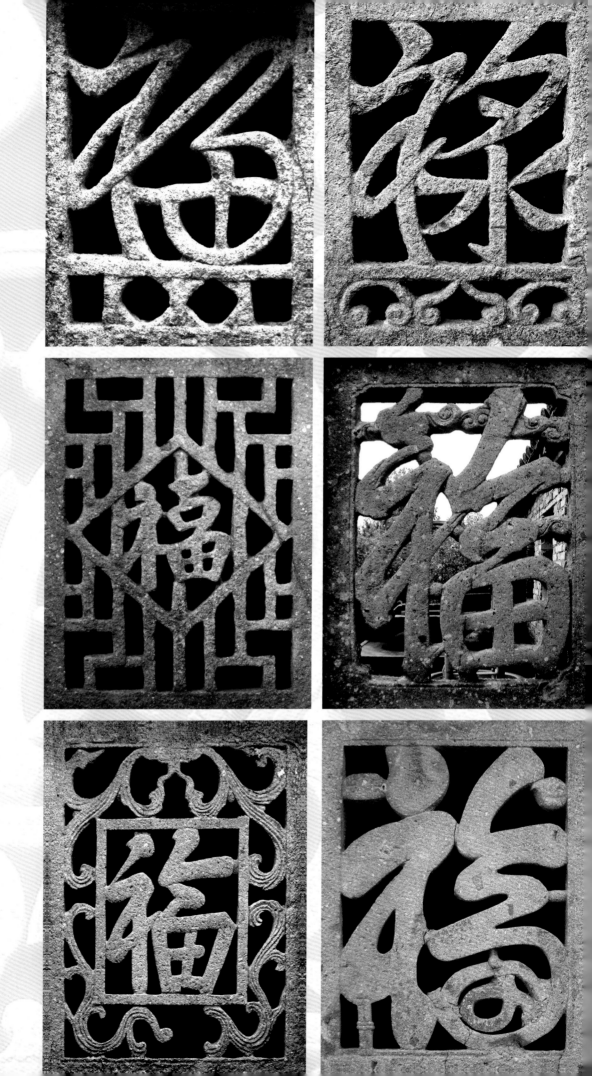

字纹

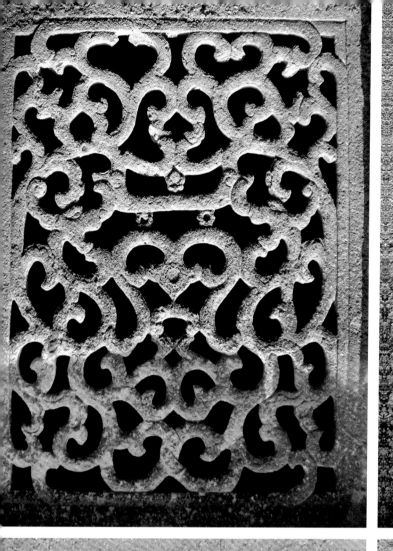

132

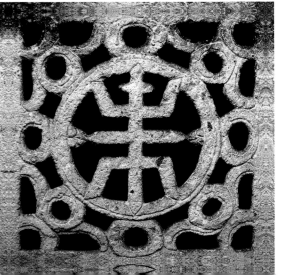

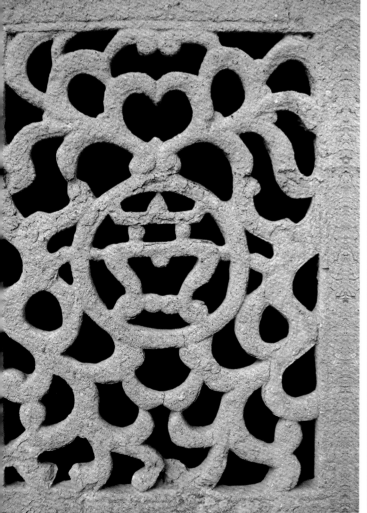

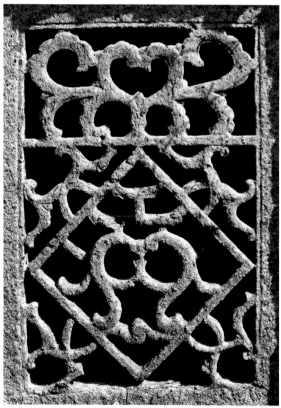

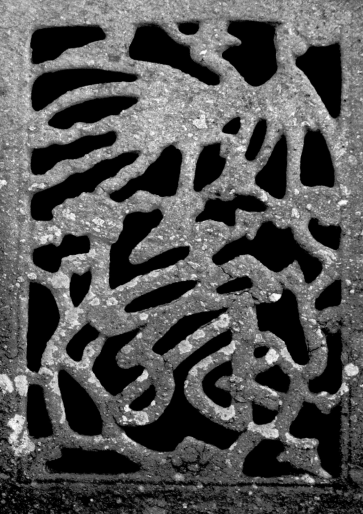

7 人物纹石窗

　　人物窗花题材有"三星"(福、禄、寿)、"八仙"、"刘海戏金蟾"等民间传说和"状元及第"等戏剧故事。除了表现长寿、富贵、升官等愿望之外，也表达了百姓的文化审美情趣和传统道德观念。

　　人物因为是块面形的，所以在布局处理上往往只限于一小块，位处视觉中心亦即窗面中心，周围大面积以各种线状纹饰衬托。人物形象十分概括，追求简约和传神。如"韩湘子吹箫图"，衣饰表现非常简约，但双鬟、五官神情却刻画得非常细腻，表现出了一个欢乐的仙童；背景衬有云朵，一高一低，踩在云朵上的双脚和因风飘动的衣袂，有效地制造了动感也渲染了仙气；周边宽阔的如意绶带草纹饰，也很好地烘托了刻纹相对细致的人物图纹。再如"刘海戏金蟾"，三门方言中"蟾"与"钱"是谐音，此图案亦名"刘海戏金"。刘海憨厚天真，而金蟾似乎因为刘海的戏弄刚刚惊惶地爬上石块，人物和动物的形象被刻画得惟妙惟肖、栩栩如生。再如"状元游街图"，画面仅有三人，却将那骑马状元的踌躇得意之态作了生动的表现，同时，热闹、荣耀的场面气氛也得以淋漓地渲染。

　　简约而传神的人物刻画，充分反映了窗花石雕艺术的强烈个性特征和不凡的技艺。

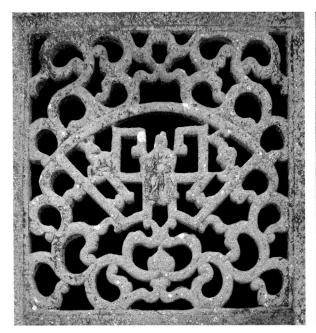

149

8 八宝纹石窗

用特定的器物表示各种吉祥含义，这是民俗文化又一种有特色的表达方法。我们把这些器物总归为"八宝纹"。

八宝纹器物来源主要是儒、道、释三教文化。道教有传说的"八仙"张果老、汉钟离、曹国舅、蓝采和、铁拐李、韩湘子、何仙姑、吕洞宾，他们各有随身的宝物，这些宝物就成了他们的"代表"，民间称之为"暗八仙"，亦称道家"八宝"，即扇、剑、葫芦拐杖、道情筒拂尘、花篮、云板、笛、荷花。佛教有法轮、四大金刚手中的法器等标志和代表性器物，民间就衍生了佛教"八吉"：莲花、舍利壶、法轮、琵琶、雨伞、宝剑、法螺、天盘长（百结），亦称佛家"八宝"。儒学重诗书礼乐，讲仁义道德，持耕读传家的思想理念，在民间也约定俗成为一些标志性器物，有玉磬、书画卷轴、犀角、铁笔、菱镜、方升、艾叶、金钱等，有儒家"八宝"之说，亦称文人"八宝"。佛教"八吉"和儒家"八宝"具体是哪八种，各地说法不甚一致，"八"应该只是一种概说。

八宝纹寄托的主要是对儒、释、道文化的尊崇和祈求仙佛高人的佑护，表达驱邪迎祥、兴旺发达的愿望。

有些器物与宗教信仰无关，只因谐音取义而约定俗成。如瓶、戟、如意、莲花、莲子等常见的器物图像，只因"瓶"谐音平安之"平"，"戟"谐"吉"，如意与"万事如意"之"如意"同名，"莲"谐"连"取吉事连连、连得贵子之意。

161

162

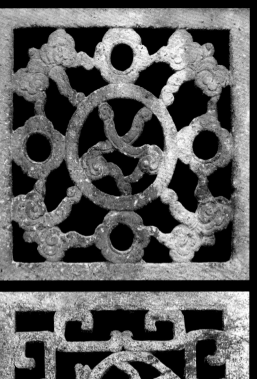
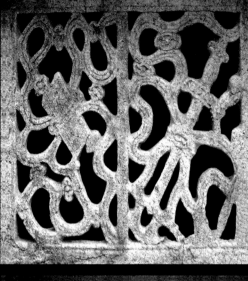

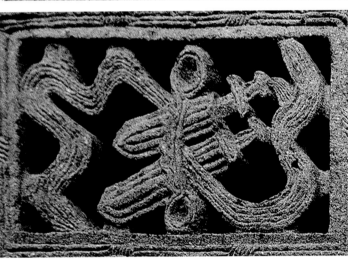

9 动物纹石窗

　　以狮子、蝙蝠、鹿、喜鹊等动物形象寓意，是民俗文化常用的表现手法。狮子是百兽之王，象征权势、富贵，且"狮"与"事"谐音，有"事事如意"之祈望。蝙蝠的"蝠"与"福"谐音，表示迎福、多福之愿，蝙蝠喜倒挂，又成了"福到"的特定形象。蟾蜍是传说中的灵异动物，能辟五兵、镇凶邪、助长生、全富贵。鹿借谐音表示"禄位"、"快乐"，也有"健康"的意思。

　　动物吉祥物在石窗中的造型模式比较成熟，强调姿态和特征的表现，背景讲究简洁和寓意统一。如鹿，常取回首姿态和含芝式，配以青松，有"长青常乐"之意。蝙蝠，强调其弧形长翼和兽头，配以云朵，一般居中时取倒挂式，居边时取侧飞式。"五福捧寿"是很常见的图式，画面富丽而喜庆。"封侯挂印"取"猴"之谐音，造型活泼而有趣。

　　"九狮庆寿"是幅精心之作。九头狮子姿态各异，威武而活泼；画面四角的狮子姿势与底行狮子脚踩框的方式都极具匠心，艺术整体感和狮子的"性情"相互呼应，整个画面群狮欢舞，栩栩如生，热闹非凡。

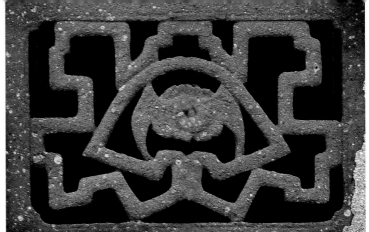

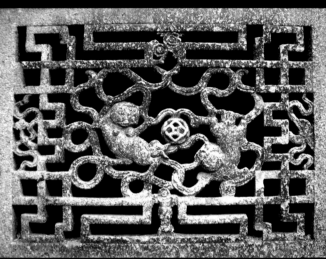

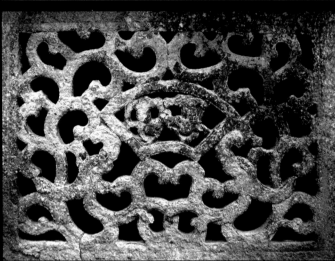

后 记

　　驾时代风云，披岁月征尘。在进行民族民间艺术保护工作的整个探索过程中，历经数十年的努力，三门石窗艺术终为世人所瞩目。这本凝聚着文化工作者心血和汗水的画册的出版，为民间艺术的百花园又增添了一朵馨香四溢的奇葩。画册里的许多精美石窗都陈列于蛇蟠岛"三门石窗艺术馆"之内。至此，我们曾在搜集、拍摄、整理石窗资料过程中所经历的种种艰辛，都显得那样的微不足道，喜悦之情溢于言表。

　　画册中的石窗照片，是从1200余幅照片中甄选出来的。在编辑画册的过程中，我们得到了浙江省文化厅、浙江蛇蟠岛旅游开发有限公司的大力支持，在搜集、拍摄、整理过程中还得到了各地方政府及社会各界人士的关心和帮助，特别是胡金水、陈祥麟、高同生、刘克英、刘杭华、杨俊健同志为本书的高质量出版付出了很多的心血，我们颇为感动。在此，对这些同志一并表示衷心的感谢！同时，也感谢叶展、张力、王健峰、张艳、林伟仪、李小忠、欧小春等同志在本书的制作过程中给予的支持和帮助。

　　限于水平和经验，遗漏和不妥之处在所难免，敬请专家学者及广大读者批评指正。

编　者

2018年3月